VERLAG ANTJE
KUNSTMANN

oscar niemeyer

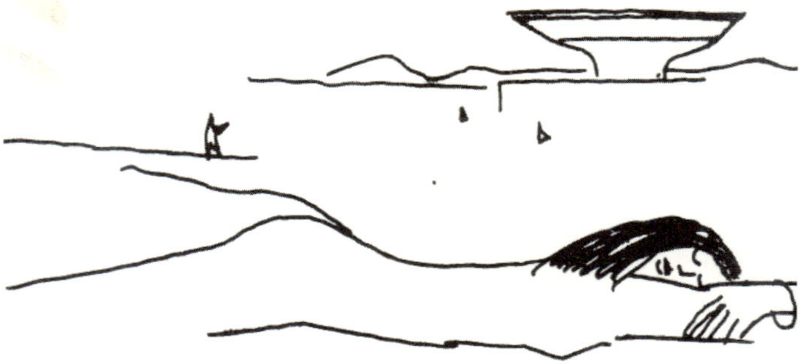

OSCAR NIEMEYER

WIR MÜSSEN DIE WELT VERÄNDERN

Herausgegeben von Alberto Riva

Aus dem Italienischen von Friederike Hausmann

VERLAG ANTJE KUNSTMANN

Das Leben ist kein Scherz,
so nimm es ernst
[...]
ernst in dem Maße,
dass du als Siebzigjähriger zum Beispiel
Olivenbäume pflanzt, nicht etwa, um
den Kindern sie zu hinterlassen, sondern
weil niemals an den Tod du glaubst, dabei
ihn fürchtend und nicht wenig, aber
das Leben auf der Waage überwiegt.

Nazim Hikmet

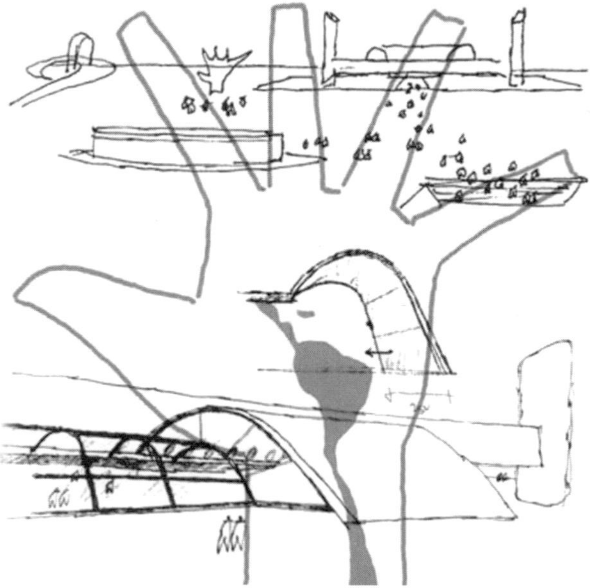

Denkmal für Lateinamerika, Skizze

FANTASIE IST...

Ich zeichnete ohne Stift und Papier. Ich zeichnete mit der Hand in die Luft.

Meine Mutter fragte mich: »Was machst du denn da, mein Junge?«

Und ich antwortete: »Ich zeichne.«

Sie lachte, denn sie fand es lustig.

Manchmal gefiel mir die fertige Zeichnung nicht, und ich ging noch einmal daran, um sie zu korrigieren, als ob sie wirklich existierte.

Ich habe weiter zuerst im Kopf gezeichnet, wie als Kind, zum Zeitvertreib, aber diesem Zeitvertreib bin ich mein ganzes Leben lang treu geblieben.

Ich glaube, dass auch meine Leidenschaft für Politik zuerst im Kopf entstanden ist, denn man muss sich nur umschauen, um zu erkennen, dass die Welt nicht in Ordnung ist und man sich beharrlich dafür einsetzen muss, sie zu verbessern.

Ich sage immer wieder gern, dass Architektur nicht wichtig ist. Architektur ist nur ein Vorwand. Wichtig sind das Leben und der Mensch!

Dennoch kann die Architektur eine politische Funktion haben, denn sie befasst sich mit dem Menschen und der Art, wie er lebt.

Früher mussten die Zimmer für das Dienstpersonal in Wohnhäusern bestimmten räumlichen Anforderungen entsprechen. Um die Gesetze zu umgehen, wurden sie deshalb auf den Bauplänen als »Abstellkammern« bezeichnet: als ein Ort, wo man diese ambulanten Haushaltsmaschinen »abstellte«. Aber diese Maschinen sind nicht bloß unsre ärmeren Brüder: Sie stehen für die unmenschlichen und entfremdenden Lebensbedingungen aller Menschen in den heutigen Städten.

Mit diesen Worten brachten wir in den Fünfzigerjahren unsere Vorstellungen auf dem Titelblatt der Zeitschrift »Modulo« zum Ausdruck, und diese Vorstellungen werden auch heute noch von der neuen Zeitschrift »Nosso caminho«, unser Weg, vertreten.

Wenn der Architekt am Zeichentisch sitzt, darf er nie vergessen, dass der Mensch nicht nur eine Maschine ist, die aufgeräumt und geschützt werden muss in einer stabileren Maschine namens Haus: Der Mensch ist vielmehr ein seltsames Lebewesen, das eine Seele und Gefühle besitzt, sich nach Gerechtigkeit und Schönheit sehnt und Trost und Anregung braucht.

Wenn man mich fragt, was für mich Fantasie bedeutet, dann antworte ich: Fantasie ist die Suche nach einer besseren Welt.

Das Theater in Niterói

DIE MEHRHEIT, FÜR DIE WIR EINTRETEN MÜSSEN

Die Menschheit hat heute mit einem großen Problem zu kämpfen, und dieses Problem heißt Kapitalismus. Der Kapitalismus ist abstoßend, denn er bedeutet, dass einige alles haben und andere nichts und dass oft nur um des Besitzens willen anderen etwas weggenommen wird. All dies ist zutiefst ungerecht.

Für mich persönlich war Geld nie wichtig, ich habe kein Geld und bin nicht reich. Geld ist nur dann entscheidend, wenn man damit anderen helfen kann. Ansonsten verursacht es nur Leid: Der Konsumismus, bei dem es nur darum geht, immer mehr anzuhäufen, muss bekämpft werden. Auf der einen Seite stehen die Banker, die über den Lauf der Welt entscheiden, und auf der anderen Seite Millionen von Menschen, die nichts besitzen und im Kampf ums nackte Überleben leiden müssen.

Das ist ungerecht.

In einigen Weltteilen, auch in Brasilien, haben sich die Lebensbedingungen der Menschen etwas gebessert, aber die Mehrheit ist immer noch arm, besitzt nichts, nicht einmal genug zu essen. Für diese Mehrheit müssen wir eintreten.

Schauen wir uns doch um: Überall auf der Welt gibt es Elendsviertel, in den großen Städten Brasiliens ebenso wie in Afrika und Indien, ja sogar am Rand der europäischen Städte. Elendsviertel wie die Favelas sind kein Scherz!

Solidarität ist ein wichtiger Wert, denn sie beweist, dass wir nicht allein sind: Wenn wir die Hand ausstrecken, ist immer jemand da, der uns beisteht.

Ich erinnere mich, dass ich mit siebzehn beim *Socorro Vermelho* (Rote Hilfe) mitarbeitete. In unserem Viertel organisierten wir Gruppen, um den Ärmsten zu helfen. Ich hatte Glück, denn ich kam aus einer wohlhabenden Familie, mein Großvater war Richter, und meine Großmutter war sehr religiös: Sie hatte eine Hauskapelle eingerichtet, in der am Sonntag die Messe gelesen wurde. Ich wurde in eine Klosterschule geschickt, wo es ziemlich streng zuging, aber ich dachte mit meinem eigenen Kopf. Und schon damals war ich davon überzeugt, dass alle Menschen die gleichen Rechte und Chancen haben müssen.

Heute messen wir dem Erscheinungsbild großen Wert bei, so wie man einst die Architektur als Repräsentation von Macht benutzte: Die faschistische Architektur beispielsweise, die ich nie gemocht habe, missbrauchte die Schönheit, um die Macht der Regierung und der Nation zu repräsentieren.

Doch das Erscheinungsbild bedeutet in Wirklichkeit nichts, Geld ist kein Maßstab dafür, mit wem wir es zu tun haben. Vor dem Leben, dem Tod, der verrinnenden Zeit und den Naturgewalten sind wir alle gleichermaßen zerbrechliche, sterbliche Wesen: Vor dem Universum sind wir nicht größer als Ameisen.

Parteizentrale der französischen KP, Skizzen

WAS WIR WOLLEN? DIE GESELLSCHAFT ÄNDERN

Alle sollten in den Genuss guter Architektur kommen können, aber oft haben nur die Reichen die Möglichkeit dazu. Der Architekt arbeitet für die Reichen, für Regierungen und Unternehmen, wie er früher für Fürsten und Könige tätig war, während die Armen unter absurden Lebensbedingungen in Elendsvierteln zusammengepfercht sind. Der Architekt wird sehr häufig seiner eigentlichen Aufgabe nicht gerecht. Und deshalb betone ich immer wieder, dass die Architektur nicht wichtig ist, sondern nur ein Vorwand: Der Architekt übt seine Funktion nämlich nur dann wirklich aus, wenn er seinen Beruf bewusst als politische Tat begreift.

Ich glaube, dass sich die Frage nach der politischen Funktion in jedem Beruf stellt, besonders aber in der Architektur, weil sie in einen der wichtigsten Bereiche des menschlichen Lebens eingreift, in die gesellschaftlichen Beziehungen. Sie setzt sich mit der Stadt, dem Zusammenleben, dem Alltag und unser aller Raum auseinander.

Hier kann der Architekt Position beziehen und kämpfen.

Ich bin in die brasilianische kommunistische Partei eingetreten, um aufzubegehren gegen die Ungerechtigkeiten, die ich erlebte, aus Interesse am Denken von Karl Marx und unter dem Einfluss von Luís Carlos Prestes.

Es war Prestes, der mein Interesse für Politik wirklich geweckt hat. In den Dreißigerjahren arbeitete er im Untergrund, war in Russland und kehrte dann nach Brasilien zurück, um die Regierung von Getúlio Vargas zu stürzen, aber er wurde zusammen mit seiner jüdischen Frau Olga Benario verhaftet, die mit ihrer Tochter schwanger war. Sie wurde nach Deutschland deportiert und kam dort in einem Konzentrationslager um.

Nach dem Zweiten Weltkrieg konnte die Kommunistische Partei für kurze Zeit wieder in die Legalität zurückkehren.

Prestes nahm 1946 mit anderen Parteigenossen wie dem Schriftsteller Jorge Amado an der verfassunggebenden Versammlung teil. Ich war damals schon mit Jorge befreundet, denn wir waren uns vom ersten Moment an sympathisch.

Die Schwierigkeiten waren damit aber noch lange nicht beseitigt. Als 1964 die Militärs die Macht ergriffen, wurde die Partei wiederum verboten, und Prestes ging in die Sowjetunion ins Exil. Er konnte erst 1979 nach einer Generalamnestie wieder zurückkehren, und ich war der Erste, den er aufsuchte.

Er kam in mein Büro. Ich erinnere mich, dass ich ihn mit dem Respekt empfing, der einem Mann wie ihm gebührt. Denn er war nicht nur älter als ich, sondern unser aller großes Vorbild. Deshalb sprach ich ihn mit »Herr« an, er aber wehrte ab: »Nein, Herr ist der Großgrundbesitzer!«

Damals brauchte er dringend eine Wohnung, wo er leben und arbeiten konnte, denn er habe, so sagte er mir, nicht die Wohnung kaufen können, die er sich gewünscht hatte. Da konnte ich ihm eröffnen, dass er sich irrte: »Die Wohnung gehört dir, denn ich habe sie schon für dich gekauft.«

Ich unterstütze gern einen Freund und eine gute Sache, wenn ich irgend kann. Das ist eigentlich eine Selbstverständlichkeit und müsste immer so sein, denn wir sind alle Brüder. Luís Carlos Prestes war ein großes Vorbild für mich und hat mich sehr beeinflusst, denn ihm ging es vor allem um Gleichheit.

Als ich selbst Hilfe brauchte, war auch jemand da, der mir beistand. Bei dem Militärputsch 1964 war ich zu Schiff auf dem Weg nach Frankreich, wo mich der damalige Kulturminister unter Charles de Gaulle, André Malraux, unterstützte.

Nach meiner Ankunft in Paris unterschrieb

Malraux für mich eine spezielle Aufenthalts- und Arbeitserlaubnis. Er war außergewöhnlich gebildet, feinfühlig und weltoffen, und ich erinnere mich mit besonderer Zuneigung an ihn. Auch von seinem Roman *La condition humaine* war ich sehr beeindruckt.

In Rio hatten die Militärs inzwischen in meinem Büro und auch in der Redaktion des »Modulo« das Unterste zuoberst gekehrt. Ich war seit den Vierzigerjahren in der Kommunistischen Partei aktiv gewesen, hatte meine Ideen nie verheimlicht, wodurch mir viele Arbeitsmöglichkeiten entgingen.

Als ich einige Monate später nach Brasilien zurückkehrte, wurde ich sofort von der Polizei vorgeladen und vernommen.

Ich erinnere mich an einen langen Tisch, an dem auf der einen Seite die Militärs saßen und auf der anderen ich. Die erste Frage, die mir ein Offizier stellte, lautete: »Also Niemeyer, worauf wollen Sie eigentlich hinaus?«

Ich antwortete: »Wir wollen die Gesellschaft ändern.«

Daraufhin wandte sich der Offizier an seinen Vorgesetzten und wiederholte in sarkastischem Ton meine Antwort: »Sie wollen die Gesellschaft ändern!«

Es herrschte eine gespannte Atmosphäre. Wir mussten uns dauernd bei der Polizei melden, um unsere Vorstellungen zu rechtfertigen, aber wir waren nur umso mehr davon überzeugt, auf der richtigen Seite zu stehen. Wir hatten keine Zeit für Angst, und der Kampf war von langer Dauer. Auch nach den Wahlen vom 15. November 1978, als die Brasilianer eindeutig gegen die Diktatur votierten und die bürgerlichen Rechte im Parlament wiederhergestellt wurden, war die Freiheit noch nicht erreicht.

Die Brasilianer waren erschöpft und konnten es nicht mehr ertragen, einer vollkommen willkürlichen Herrschaft ausgeliefert zu sein. Die Diktatur hatte Brasilien in die Kolonialzeit zurückgeworfen, aber die traurige Wirklichkeit wurde von der Propaganda mit falschen Zahlen über das Wirtschaftswachstum verschleiert, das nur denjenigen zugutekam, die den Militärs nahestanden.

Nur neue Gesetze konnten politische und persönliche Grundrechte und insbesondere die Meinungsfreiheit sichern, die 1968 durch den AI-5 (*Ato Institutional Número Cinco*), d. h. durch die Zensurmaßnahmen der Diktatur zur Ausschaltung der Opposition, unterdrückt worden waren. Die seit 1964 andauernde Diktatur wurde nach 1968 noch härter, repressiver und gewalttätiger.

Nach den Wahlen von 1978 verlangten wir zwei Dinge: eine Generalamnestie, damit alle Brasilianer zurückkehren und am neuen politischen Kurs mitwirken konnten; und eine neue Verfassung, um die Grundrechte von Meinungs-, Rede-, Versammlungs- und Organisationsfreiheit festzuschreiben. Beide Forderungen wurden durchgesetzt: die Amnestie 1979 und die neue Verfassung 1988. Ich denke an den sarkastischen Tonfall der Worte des Offiziers zurück: »Sie wollen die Gesellschaft ändern!«

2002 ist mit Luiz Inácio Lula da Silva ein ehemaliger Arbeiter Präsident der Republik geworden, und nach ihm wurde Dilma Rousseff gewählt, die als junge Frau für die gleichen Ideale wie wir gekämpft hatte und von den gleichen Militärs gefoltert worden war.

Heute ist sie es, die regiert…

Wir können wieder lächeln.

Aber der Kampf ist noch nicht zu Ende.

Meinen Kampf kann man sicher nicht vergleichen mit dem Kampf derer, die auf die Straße gehen und protestieren, aber mir dessen bewusst zu sein verleiht mir eine gewisse Gelassenheit.

Wir erkennen an, dass Lula Veränderungen in Gang gesetzt hat, aber das Elend besteht weiter, und wir begegnen ihm überall. Das Ziel unseres Kampfes ist klar: Die Armen müssen weniger arm und die Reichen weniger reich werden. Ist es wirklich so schwer zu begreifen, dass auch die Armen und Ausgeschlossenen den legitimen Wunsch hegen, am Aufbau der Gesellschaft teilzunehmen und nicht an den Rand gedrängt zu bleiben?

Wollen die Reichen wirklich bis in alle Ewigkeit die Welt von der Höhe ihrer Privilegien herab beherrschen?

Casa das Canoas

WIR BRAUCHEN SCHÖNHEIT

Vor vielen Jahren zeigte ich einmal dem deutschen Architekten Walter Gropius meine Casa das Canoas, die ich für ein Waldgebiet oberhalb von Rio de Janeiro auf einem zum Meer hin abfallenden Gelände entworfen hatte. Nach der Besichtigung sagte Gropius zu mir: »Ihr Haus ist sehr schön, aber man kann es nicht vervielfältigen.«

Diese Worte erschienen mir unglaublicher Blödsinn!

»Wenn ich ein Haus hätte bauen wollen, das man vervielfältigen kann, hätte ich es für ein ebenes Grundstück entworfen«, antwortete ich.

Ich war verblüfft darüber, dass ein so intelligenter Architekt wie Gropius eine solche Ansicht äußerte, aber das Konzept, das er damit zum Ausdruck brachte, war eigentlich ziemlich klar.

Im Laufe der Jahre ist von Kritikern häufig behauptet worden, meine Arbeit bewege sich mehr in Richtung Bildhauerei als Architektur. Das hat mich nicht getroffen, denn Kritik nehme ich nicht übel, sondern empfinde sie als selbstverständlich. Manchmal ist Kritik gerechtfertigt. Ich aber denke anders.

Wenn man in Serie immer das Gleiche fertigt, ist man kein Architekt, sondern Handwerker: Meiner Auffassung nach ist Architektur nämlich Kreativität und als solche Kunst.

Das gilt auch für Wohn- und Zweckbauten. Es ist nicht wahr, dass Architektur für Sozialwohnungen und öffentliche Zweckbauten möglichst einfach sein muss. Diese Einstellung ist demagogisch, paternalistisch und genau besehen inakzeptabel. Wo steht denn geschrieben, dass »nützliche« Architektur hässlich sein muss? Wenn es etwas Hässliches in unseren heutigen Städten gibt, dann sind es nicht die Unterschiede in Architektur und Stil, sondern die soziale Diskriminierung, die von Klassenunterschieden geprägten gesellschaftlichen Beziehungen und die Viertel der Reichen, die nicht nur räumlich, sondern vor allem durch ihr Aussehen von denen der Armen getrennt sind.

In manchen Städten ist das sehr bedrückend. Hier in Rio zum Beispiel wohnt das Bürgertum am Meer, die Armen dagegen weit weg hinter den Bergen.

Es herrscht eine seltsame Angst vor Unterschieden: Aber in der Architektur waren Unterschiede nie ein Problem. Ein modernes Gebäude neben einem alten zu errichten lässt den Charakter und die Besonderheit jedes einzelnen Werkes besser hervortreten.

Abwechslung ist ein notwendiges Charakteristikum und kann sich als lehrreich erweisen.

Vor vielen Jahren sollte ich in der Kolonialstadt Ouro Preto ein neues Hotel bauen, wobei die örtliche Verwaltung verlangte, dass der Neubau den traditionellen Baustil respektiere. Schließlich konnte ich mich jedoch mit meinem

Konzept durchsetzen, ein modernes Hotel zu entwerfen, das die Schönheit der umgebenden Kolonialarchitektur nicht nur nicht beeinträchtigte, sondern sogar unterstrich.

Die Architektur basiert auf ewig gültigen Regeln von Gleichgewicht, Proportion und Harmonie, Regeln, die sich in allen Werken der Vergangenheit wiederfinden: im Wechsel von Fülle und Leere, glatten und transparenten Oberflächen, geraden Linien und Kurven, und außerdem im Beitrag von Bildhauerei, Malerei und Reliefkunst. All diese Elemente finden sich sowohl in den tragenden Bauteilen als auch in den Ornamenten.

Dafür ist der Palazzo Ducale in Venedig mit seinen kunstvoll verzierten Bögen, durch die der Architekt einen starken Kontrast zu den schweren Wänden der oberen Stockwerke hergestellt hat, ein absolut gelungenes Beispiel.

Was hätte, so frage ich mich, der Architekt, der dieses architektonische Meisterwerk entworfen hat, zu den puristischen Dogmen heutiger Architekten gesagt?

Architektur kann schön und einfach sein, das heißt einfach und zugleich differenziert, es hängt von der zugrunde liegenden Vorstellung ab. Mir persönlich geht es von Anfang an um Schönheit, um Kunst, damit auch die Architektur durch das Unerwartete Überraschung und Staunen auslöst, wie Baudelaire fordert. Der Passant soll auf der Straße innehalten, das Werk bewundern, staunen und dazu angeregt werden, sich darüber Gedanken zu machen.

Kunstwerke bilden eine wichtige Ergänzung der Architektur, ein Beispiel dafür sind die Fresken und Skulpturen in den Villen Palladios: Es ist etwas Außerordentliches, wenn sich Kunst und Architektur begegnen.

Um die Glasfenster der Kathedrale von Pampulha zu gestalten, holte ich Candido Portinari, der ein großartiges Werk schuf: Das Ganze war so modern, dass die Kirchenoberen die Kirche nicht einweihen wollten und einige Jahre lang Gottesdienste in der Kirche untersagten. Schließlich änderten sie aber doch ihre Meinung…

Kathedrale von Pampulha

Wenn der Ort es erlaubt, hat auch Monumentalarchitektur ihren Wert: Ich habe nie einen Rückzieher gemacht, wenn es um ein Werk ging, das starke Emotionen hervorruft. Diese müssen jedoch begründet und rational gerechtfertigt sein, wie es beim Denkmal für Lateinamerika in São Paulo der Fall war: Hier gefällt mir die Vorstellung, dass jeder Bürger, wer immer es ist, davor ins Staunen gerät, sich Fragen stellt und überrascht ist.

Als mich der französische Staatspräsident Georges Pompidou einmal halb im Scherz und ohne seine reaktionäre Einstellung zu verbergen auf meinen Entwurf für den Sitz der Kommunistischen Partei ansprach, sagte er: »Das ist das einzig Schöne, was der PCF hervorgebracht hat!«

Das heißt nicht, dass nicht auch ein ganz kleines Werk großartig sein kann: Es gibt in der kleinen Stadt Sabará in Minas Gerais eine winzige Kirche im Kolonialstil. Die Kirche Nossa Senhora do Ó ist so klein, dass sie eigentlich nur ein Altar ist, aber so schön!

Die Funktion, das heißt der Gebrauch, den

man von einem Werk macht, ist nicht alles, auch Schönheit ist nützlich. Es gibt Werke der Vergangenheit, manche Kirchen oder Paläste, die heute anders genutzt werden und überlebt haben, obwohl sie eine andere Funktion haben: Auch heute benutzen und besuchen wir sie noch. Das ist möglich, weil nicht ihr Nutzen, sondern ihre Schönheit überlebt hat: Schönheit und Poesie haben die Zeiten überdauert.

Igreja Nossa Senhora de Fátima, Brasilia

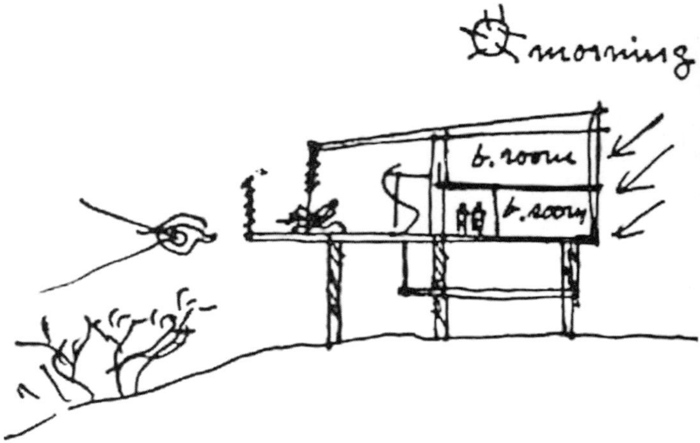

Hotel in Ouro Preto, Skizze

VORBILDER

Fidel Castro ist mein Freund und nach wie vor der *líder máximo* Lateinamerikas. Das, was er und seine Mitkämpfer vor mehr als fünfzig Jahren vollbracht haben, bleibt bis heute vorbildlich, denn sie haben für die Befreiung ihres Landes gekämpft. Auch wenn die Gefahr heute vom Finanzkapital droht, bleibt der Imperialismus der Stärkeren nach wie vor eine große Bedrohung.

Es ist die Idee, die zählt! Die Jugend und die Benachteiligten dürfen den Glauben an die Revolution nie aufgeben.

Ideale sind wichtig: Ideale zu haben und für eine gerechtere Welt einzutreten, für eine Welt, in der Eintracht herrscht.

Fidel hat mich hier in meinem Büro aufgesucht, während ich selbst Kuba nie besucht habe, weil ich nicht gern fliege. Ab und zu schickt mir Fidel ein Geschenk, denn er ist äußerst sympathisch, eine außerordentliche Persönlichkeit und ein echter Freund. Früher oder später werde ich vielleicht doch nach Kuba reisen!

Neben Fidel war auch Che Guevara ein wichtiges Vorbild, das nie verblassen wird.

Die Ermordung Che Guevaras war ein feiges Verbrechen. Ich erinnere mich noch genau daran, welchen Eindruck die Nachricht seines Todes auf uns gemacht hat: Was für Feiglinge! Che Guevaras Kampf war von größter Bedeutung, und im Vergleich dazu ist das Geschwätz der Intellektuellen nur lächerlich.

Es gab schon immer einen unvermeidlichen Kampf zwischen Vergangenheit und Moderne. In meinen jungen Jahren erlebte auch die Architektur eine Phase des Kampfes und des Übergangs. Die extreme Rationalität eines Le Corbusier mochte noch als orthodoxe Haltung erscheinen, aber seine Genialität durchbrach die Grenze dessen, was auch ich an der damaligen

Architektur als Einschränkung von Freiheit, Fantasie und Poesie betrachtete – eine Auffassung, die auch Le Corbusier nach der Übergangsphase zu teilen begann.

Le Corbusier gab der Architektur dadurch eine neue Wendung, dass er Säulen, unabhängige Strukturen, Glaspaneele, hängende Terrassen und den freien Grundriss einführte. Er zielte auf robustere Strukturen, während wir die Leichtigkeit suchten; gemeinsam war uns jedoch die Suche nach plastischer Gestaltung.

Gemeinsam war uns aber noch etwas anderes: Wir probierten aus, was man mit Stahlbeton machen kann. Für meine Generation eröffnete der Stahlbeton Möglichkeiten, die vorher nicht existiert hatten, und deshalb bewundere ich die antiken Architekten so sehr, die ohne ein derart gefügiges Material unglaubliche Dinge realisierten und die den Materialien innewohnenden Möglichkeiten bis zum Äußersten ausreizten.

Le Corbusier war für mich ein großer Meister: Mir gefiel an seiner Arbeit insbesondere, dass er durch seine Auseinandersetzung mit dem Stahlbeton der modernen Architektur kräftige Impulse gegeben hatte. Und außerdem die Idee, Bauten auf Stelzen zu entwerfen!

1947 arbeiteten wir beide am Entwurf für den Sitz der Vereinten Nationen in New York, und dabei gab es auch mancherlei Missverständnisse. Wer jedoch ein Buch über die amerikanische Architekturgeschichte aufschlägt, wird feststellen, dass für den Plenarsaal mein Entwurf gewählt wurde. Dann mussten einige Änderungen vorgenommen werden, und dabei ging ich auf Le Corbusiers Vorschläge ein. Ich erinnere mich allerdings, dass er an einem der letzten Tage in einem Gespräch unter vier Augen zu mir sagte: »Du bist wirklich ein großzügiger Mensch.« Weil ich die von ihm verlangten Änderungen akzeptiert hatte. Ich war jünger, und er ein großer Meister.

Wir liebten beide das Bauhaus mit seiner »Wohnmaschine« und seinem Dogma des »weniger ist mehr« nicht. Mir aber gefiel die vorbildliche Arbeit von Mies van der Rohe, mit dem ich ebenfalls befreundet war. Einmal war ich bei ihm zu Gast, er besaß wirklich außerordentliches Talent.

Aber der Architekt arbeitet nicht allein. Er muss mit dem Bauingenieur kooperieren, der die Berechnungen anstellt. Ich denke mir den Entwurf aus, und er entscheidet darüber, ob man ihn verwirklichen kann: Der Bauingenieur ist der unerlässliche Begleiter des Architekten. Mich begleitete Joaquim Cardozo, heute ist es Joé Carlos Sussekind: Wir diskutieren, aber am Ende entscheidet der Bauingenieur, denn er ist für den Bau verantwortlich.

Wir sind Freunde, und die Freundschaft ist neben dem guten Zusammenleben und dem Respekt vor der Meinung anderer am allerwichtigsten. Nur zu kritisieren ist nicht schwer, meine ich, wir deuten immer viel zu schnell mit dem Finger auf andere. Lenin sagte, wenn jemand nur zehn Prozent gute Eigenschaften besitzt, wiegen sie die negativen bereits auf.

Genau so denke auch ich!

Universität von Constantine, Skizze

DIE ZUKUNFT ERFINDEN

Bei meinen Reisen nach Algerien, als das Land 1962 die Unabhängigkeit von Frankreich erlangt hatte, wollte ich Anregungen dafür finden, wie eine Gesellschaft der Zukunft und eine ideale Stadt aussehen könnten. Ich wollte das Bild einer Gesellschaft ohne Klassenunterschiede entwerfen, denn Nationen sind Völker ohne die vom Kapitalismus aufgezwungenen Privilegien.

Zum ersten Mal fuhr ich 1968 nach Algerien und hatte Albert Camus' Beschreibung im Kopf, dessen Bücher ich schon immer verschlungen hatte: eine Gesellschaft im Aufbruch, die in vieler Hinsicht mit Brasilien vergleichbar schien, mit seiner Natur, seinen Gerüchen, seinem Klima und dem Geist seiner Menschen.

Der sehr zuvorkommende Präsident Houari Boumedienne empfing mich mit offenen Armen, ließ mir freie Hand und schlug mir vor, sein Architekturberater zu werden. Meine ersten Projekte waren die Universität von Constantine, die Moschee und ein neues urbanistisches Konzept für Algier.

Damals konzipierte ich für die Zukunft eine kleinere, menschlichere, weniger entfremdende und von Menschen für Menschen gemachte Stadt.

In dieser Stadt sollten Natur und Grünflächen vorherrschen, um Wohngebiete von Geschäfts- und Einkaufsvierteln abzugrenzen. Von der Peripherie aus, wo der Verkehr konzentriert war, führten Zugangswege in die Fußgängerzone des Zentrums. Um die Wege zu verkürzen, waren hohe Gebäude inmitten von Grünflächen geplant, und darum herum Schulen, Parks, Geschäfte, Restaurants und Treffpunkte. In der Stadt der Zukunft, wie ich sie entwarf, sollte es nicht schönere und hässlichere Wohnungen und keine räumliche Trennung zwischen Arm und

Reich geben: In dieser Stadt sollte der Mensch von morgen leben.

Die Leitgedanken für eine Gesellschaft der Zukunft waren für mich der Respekt vor dem Leben und die Erziehung. Eine gute Erziehung und Bildung für die Jugend als Fundament.

Was kann man den jungen Menschen von heute in dieser krisengeschüttelten Welt sagen, die häufig vor schweren Entscheidungen stehen?

Ich glaube, dass die Jugendlichen oft am meisten unter der Einsamkeit leiden. Sie haben gerade als Heranwachsende keine Unterstützung, denn es fehlen eine Führung und ein Bewusstsein für die Probleme, die uns umgeben.

Gerade für junge Menschen stellt sich die Forderung nach Solidarität und Gleichheit besonders dringend. Die heutige Welt dagegen verlangt Wettbewerb: Welchen Sinn hat ein derart harter Wettbewerb?

Die jungen Menschen müssen begreifen, dass sie alle Brüder sind, dass keine Vorurteile gelten dürfen und sie zusammen- statt gegeneinander arbeiten müssen!

Heute hat man nicht genügend Chancen, aber jeder Einzelne muss seinen Beitrag leisten, etwas riskieren, Ideen entwickeln und etwas erfinden. Wenn ich mir überlege, was ich einem jungen Menschen heute raten soll, würde ich sagen: Versuche etwas zu tun, irgendetwas!

Schon wenig kann genügen: Als junger Mann riskierte ich mit meinem ersten Entwurf für einen Gebäudekomplex in Pampulha am Seeufer in Belo Horizonte sehr viel. Mein Entwurf war vollkommen neu, anders als alles bisher Dagewesene, aber ich ging das Wagnis ein.

Nach diesem Projekt wurde alles viel einfacher, und ich hatte mehr Glück als zuvor. Wir müssen unsere Ideen verwirklichen, reden allein hilft nicht: Wir müssen uns selbst aufs Spiel setzen und zeigen, was wir auf die Beine stellen können!

Nationalmuseum Brasilia

Vor dem Museo Oscar Niemeyer in Curibita

104 JAHRE

Wenn ich zurückblicke, denke ich: Die Welt ist pervers, und das Leben ist kein Scherz.

Das Leben ist kurz, nur ein Hauch.

Je länger man lebt, desto größer ist das Leid, mit dem man konfrontiert wird. Kaum hat man eine Richtung eingeschlagen und eine gewisse Reife erlangt, schon kommt der Moment des Abschiednehmens von Familie und Freunden.

Meiner Meinung nach lebt man das Leben gegen das Leid, in ständiger Abwehr gegen das Leid.

Das geht nur, wenn man sich an gewisse Prinzipien hält.

In meinem Fall war es der Kampf für das, was ich immer für richtig hielt: der Kampf für Gleichheit. Denn das Leid der anderen ist auch unser Leid, und wir sind Teil der Welt. In allen Fällen ist das Ergebnis immer das gleiche: Am Ende tritt man ab. Das Leben vergeht im Flug. Deshalb muss man es anständig hinter sich bringen. Eigene Ideen entwickeln und eigene Prinzipien, die uns wie Säulen durch das ganze Leben tragen. Das ist die große Herausforderung.

Wir sind ein bisschen wie Häuser: Wir werden nach einem vorgegebenen Entwurf geboren, wachsen dann allmählich heran und können dabei auch Änderungen erfahren, die aber nur an der Oberfläche bleiben. Wie bei einem Haus kann dann etwas ausgebessert werden: Eine Türe wird ersetzt, die Wände werden neu gestrichen, wer aber genau hinschaut, sieht immer die ursprünglichen Fehler.

Ich empfinde *saudade*, wenn ich an die vielen verschiedenen Phasen meines Lebens zurückdenke. Die Zeit in der Schule, das Architekturstudium, das ich an der damaligen Hochschule für Architektur und Schöne Künste absolvierte. Die ersten Liebschaften, das Leben, das wir jungen

Leute führten, wenn wir mit unseren Freunden durch die Kneipen zogen, Fußball spielten, und die Reisen. Das Wichtigste sind die Freundschaften, die es zu bewahren und zu pflegen gilt.

Wir hatten zu Hause ein Klavier, und Vinícius de Moraes, Antonio Carlos Jobim, Ary Barroso und der fantastische Chico Buarque gingen bei uns ein und aus. Als ich Chico zum ersten Mal begegnete, war er noch ein Kind, denn ich war mit seinem Vater befreundet, dem großen Historiker Sergio Buarque de Hollanda. Ich entwarf ein Haus für die Familie, das aber leider nicht gebaut wurde. Jorge Amado war mein Freund und auch der große Dichter Manuel Bandeira. Von all den vielen Freunden ist keiner mehr am Leben.

Zusammen mit dem damaligen Kulturminister Darcy Ribeiro, einem außergewöhnlichen Menschen, und dem Gouverneur Leonel Brizola entwarf ich die integrierten Ganztagsschulen, die CIEP (Centro Integrado de Educação Pública), ein Projekt, auf das ich sehr stolz bin, auch wenn ich vielleicht noch mehr für das Volk hät-

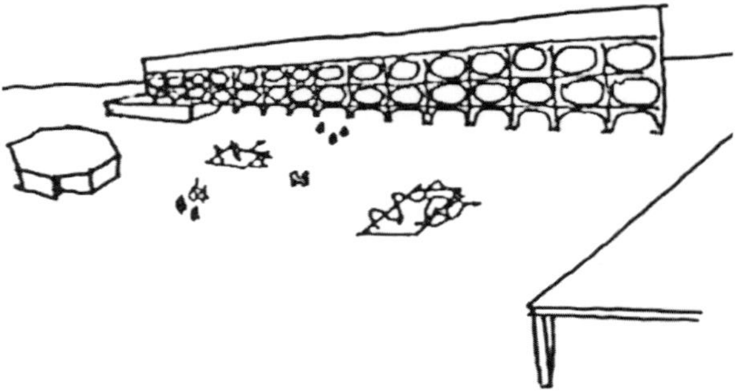

Centro Integrado de Educação Pública, Skizze

te tun können. Manchmal denke ich, dass ich meine Aufgabe nicht erfüllt habe.

Alle meine Freunde mussten als politische Oppositionelle ins Exil gehen. Brizola blieb wie ich lange in Frankreich. Ich wohnte in einem Appartement am Boulevard Raspail in der Nähe von Saint-Germain. Frankreich empfing mich mit offenen Armen, und ich verkehrte mit Jean-Paul Sartre, den ich immer bewundert und gelesen habe. Sein Denken hat mich stark beeinflusst, vor allem sein pessimistischer Blick auf den Schmerz und das Leiden der Welt.

Aber ich hielt es nicht aus, lange in der Fremde zu leben, weit weg vom Meer, von der Copacabana, denn ich kann nur am Meer leben. Mit *saudade* dachte ich an meine Freunde und die *cariocas*, die Bewohner meiner Heimatstadt Rio.

Als Schulkind konnte ich nach dem Mittagessen auf der Straße bis zum Abendessen Fußball spielen. Dann saßen wir um einen großen Tisch, meine Großeltern am oberen Tischende, wir Kleinen auf der einen Seite, die Onkel und Tanten auf der anderen. Unser Haus war ein großes Haus im Kolonialstil voller Menschen und Regeln: Wir waren sechs Geschwister und mussten zum Essen korrekt mit Jackett und Manschetten erscheinen.

Ich ging in eine strenge katholische Privatschule. Wenn wir einen Fehler machten, mussten wir für die Patres hundert oder zweihundert Mal zum Beispiel schreiben: »Ich darf im Unterricht nicht schwätzen!« Manchmal wurde ich sogar vom Unterricht ausgeschlossen, und dann bummelte ich durch die Gegend. Mir hat es immer sehr viel Spaß gemacht, zu Fuß zu gehen, am Meer zu sein und am Strand entlangzulaufen.

Als Kind ging ich bis Ipanema, um die Fischer zu beobachten, die mit vollen Netzen zurückkehrten, die Frauen, die frühmorgens kamen, um frischen Fisch zu kaufen, und die Fische, die in den Netzen zappelten. Was für ein Anblick! Das Meer hat mich stets geleitet: Ein Platz zum Wohnen muss für mich nahe am Meer liegen.

Heute kann ich mich freilich nicht mehr allein bewegen, muss immer jemanden um Hilfe bitten, um auch nur von hier nach da zu kommen, das ist nicht schön, sondern einfach beschissen! Aber was kann ich machen?

Geduld haben.

Casa das Canoas, Skizzen

Brasília, Nationalkongress

FRAGEN

Vor Kurzem habe ich wieder eine Kirche entworfen. Ich glaube nicht an Gott, obwohl ich aus einer religiösen Familie stamme, bei der ein Bild des Papstes im Wohnzimmer hing. Dennoch respektiere ich jede Religion, denn ich glaube, sie lehrt uns menschlicher zu leben, als Mensch unter Menschen, und ich entwerfe gerne Kirchen.

Eine Kirche zu bauen ist eine schöne Aufgabe für einen Architekten.

Deshalb habe ich über die Kirche nachgedacht, denn alles entsteht im Kopf.

Ich bin vom Kreuz ausgegangen, von einem großen Kreuz, das am Eingang der Kirche steht und aus dessen Armen sich wie ein Schutz das Dach entwickelt. Was also haben wir vor uns?

Der Entwurf besteht ganz klar aus zwei Phasen: Zuerst steht da das Kreuz, und die Kirche nimmt dahinter in einer schönen geschwungenen Form Gestalt an. Die Kirche wird in einem noch nicht ganz fertiggestellten Neubaukomplex von Niterói entstehen.

Was zählt, ist der neue Gedanke. Man muss immer etwas Neues erfinden. Als ich mit Le Corbusier die Freitreppe zum Congresso Nacional do Brasil hinaufging, sagte er zu mir: »Hier ist etwas Neues verwirklicht worden, hier herrscht Freiheit.«

In meinem Alter herrscht die Freiheit da, wo sie immer war, nämlich in meinem Kopf, denn im Kopf beginnt alles. Trotz der *saudade* und des Wissens um die Flüchtigkeit des Lebens heißt Glück für mich, mein Leben gemäß den eigenen Idealen und umgeben von Freunden zu verbringen.

Neuerdings diskutieren wir in unseren Dienstagstreffen über die Philosophie von Platon und Aristoteles. Ich interessiere mich sehr für die Fragen, die sich die Griechen über das Leben, das Gute, die Schönheit und das Universum stellten.

Wir haben auch über die Sterne diskutiert, denn bei den Griechen spielten die Astronomie und die Harmonie der Gestirne eine große Rolle.

Was ist dort oben? Lässt sich der Urknall beweisen, die Theorie vom Big Bang?

Ich stelle mir immer noch diese grundlegenden Fragen. Über das Leben, den Tod.

Welchen Sinn hat es, Angst vor dem Tod zu haben? Er ist unvermeidlich, auch wenn niemand gern stirbt. Aber manchmal ist er notwendig.

Man fragt mich oft, was das Geheimnis eines langen Lebens wie des meinen ist. Obwohl ich glaube, dass das Leben gar nicht lang ist, sondern nur einen Atemzug dauert, antworte ich: Maß halten beim Essen, ohne auf ein gutes Glas Wein zu verzichten: Wenn man vom Tisch aufsteht, sollte man immer noch ein wenig hungrig sein.

DER JUNGE, DER IN DIE LUFT ZEICHNETE

NACHWORT VON ALBERTO RIVA

Wenn man zu Fuß die Rua das Laranjeiras hinaufsteigt, die »Orangenstraße«, eine, wie häufig in Rio, etwas heruntergekommene, einst vornehme Allee, sollte man an einer bestimmten Stelle auf eine kleine Lücke zwischen den alten Häusern achten.

Eine Gasse führt dort zu einem kleinen Platz, der auf den ersten Blick wie eine Theaterkulisse wirkt.

Dieser Largo do Boticário, so erkennt man sofort, ist ein nur noch unvollständiges Überbleibsel der alten, im Laufe der Zeit fast ausgelöschten Bebauung der Kolonialzeit. Etwa zehn Häuser umgeben diesen Platz und lassen ihn wie den Hof einer portugiesischen Hafenbehörde aus dem 18. Jahrhundert erscheinen. Der Name geht zurück auf Joaquim Luís da Silva Souto, den Zahnarzt des portugiesischen Königshauses, der hier in einer *fazenda* wohnte, die nicht mehr existiert. Die bukolische Atmosphäre aber hat überlebt. Denn die Häuser sind umgeben von üppigem Grün, von Palmen, Mango-, Jackfrucht- und Flammenbäumen. Der Platz ist unregelmäßig gepflastert, an den Fassaden sind nur noch wenige der echten *azulejos* erhalten, der für Portugal typischen blau auf weißem Grund bemalten Kacheln. In der Mitte des Platzes steht ein Brunnen, und wenn man das Ohr daran hält, hört man das Murmeln eines Bächleins, das man nicht sehen kann, sondern tief unten in einem dunklen schmalen Kanal erahnt.

Das ist der Carioca, der Fluss, der aus dem Urwald kommt, unterirdisch weiterfließt und hier nur ganz kurz an die Oberfläche tritt. Im 16. Jahrhundert versorgte er die ganze Stadt mit Trinkwasser. Der Name stammt von den Tamoios-Indianern und bedeutet so viel wie »Haus des *cascudo*«, eines Fisches mit harten Schuppen, die so silbern glitzerten wie die Rüstungen der lusitanischen Eroberer. Deshalb heißt der Fluss auch »Haus der Portugiesen«.

Hier, nicht am Strand von Ipanema, nicht am Zuckerhut und nicht in Lapa mit seinen Sambabars schlägt das Herz von Rio. Hier ist alles entstanden, hier ist die Heimat der *cariocas*.

Und hier wurde im Dezember 1907 Oscar Ribeiro de Almeida de Niemeyer Soares geboren. Seinem Großvater gehörte eines der Häuser im Kolonialstil in der Rua das Laranjeiras, wo an der Fassade die Initialen der Familie prangen, die Fenster quadratisch sind und im Garten Mandelbäume wachsen. Eine große Familie, wie sie früher üblich war. In diesem Garten zeichnete Niemeyer ohne Stift und Papier; er zeichnete die Landschaft, die ihn umgab.

Die Liebe zum Zeichnen führte Niemeyer wie selbstverständlich zur Architektur. Seit 1932 arbeitete er bei Lucio Costa, dem bekanntesten Architekten und Städteplaner jener Jahre. In diesem Team wurde der damals dominierende International Style diskutiert und analysiert, und als Mitglied dieser Gruppe begegnete der junge Oscar 1936 erstmals dem Schweizer Le Corbusier, einem der Hauptvertreter der Moderne, der bereits 1929 nach Brasilien gekommen war, um an der Stadtplanung für das neue Rio mitzuwirken und das Erziehungsministerium zu bauen.

Für einen Architekten der Generation Niemeyers war Le Corbusier *das* Vorbild. Mindestens ebenso prägend für die Moderne waren die Deutschen Ludwig Mies van der Rohe (1886–1969) und Walter Gropius (1883–1969) und sicher der Amerikaner Frank Lloyd Wright (1867–1959), von dessen Fallingwater-Haus fast jeder zumindest eine Abbildung kennt. Zu den Begründern der modernen Architektur zählt aber auch der Finne Hugo Alvar Henrik Aalto, besser bekannt einfach als Alvar Aalto (1898–1976), der nur neun Jahre älter ist als Oscar Niemeyer.

Hätte der Historiker Eric J. Hobsbawm sich bei seiner berühmten Charakterisierung des

20. Jahrhunderts am Leben Niemeyers orientiert, so hätte er es nicht als das »kurze«, sondern im Gegenteil als »das lange 20. Jahrhundert« bezeichnen müssen. Niemeyer setzte sich mit dem Erbe dieser im 19. Jahrhundert geborenen Gründerväter der modernen Architektur auf eine ganz eigene, rebellische Weise auseinander und führte es bis heute, bis ins 21. Jahrhundert fort. Seine Rebellion und die seiner brasilianischen Kollegen stieß bei den europäischen »Vätern« auf ziemlich heftige Kritik. Im März 1955 berichtete die Zeitschrift »Modulo« von einem in der britischen »Architectural Review« erschienenen Überblick über die brasilianische Architektur mit dem Titel *Report on Brazil*. Darin kamen berühmte Kritiker und Architekten wie Gropius, Ernesto Rogers, Max Bill und Hiroshi Ohye zu Wort. Die Bilanz war vorsichtig positiv, aber unter gewichtigen Vorbehalten, wobei man, um die brasilianischen Werke zu rechtfertigen, auf Erklärungen wie das tropische Klima, die üppige Natur und die Sinnlichkeit der Frauen des Landes zurückgriff.

Das ist kein Wunder, denn Brasilien wurde schon immer auf seine exotischen Aspekte reduziert, als ob die Schönheit seiner Landschaften, die Mestizen-Bevölkerung und der natürliche Überfluss seiner Natur die Entwicklung ernsthafter kultureller Strömungen verhindern würden. Genau genommen wird das Land bis heute von oben herab betrachtet und einzig auf *futebol*, Bossanova, weiße Strände, Mulattinnen und etwas vage Sündhaftes reduziert, das anziehend wirkt, im Grunde aber keine tiefer gehende Betrachtung verdient.

In diesem Sinne sprach Gropius von »Niemeyers Verwirrspielen«, Max Bill betonte, dass Architektur eine »soziale Kunst« sei (vielleicht um damit anzudeuten, dass die Kurven Niemeyers dem nicht gerecht werden konnten), und Ohye schrieb: »Niemeyer ist weniger ein Architekt als ein Bildhauer, der Gebäude als Plastiken entwirft.«

Als ich Niemeyer am 15. April 2005 zum ersten Mal in seinem Büro an der Copacabana aufsuchte, war er achtundneunzig Jahre alt, und ich stellte ihm als Erstes eine Frage aus ganz persönlicher Neugier: Warum spielt Wasser eine so große Rolle in seinen Entwürfen? Niemeyer antwortete ohne nachzudenken sehr präzise: Weil das Wasser die Architektur widerspiegelt. Niemeyer betont es oft und in verschiedenen Zusammenhängen: Der Architekt schafft nicht nur ein Bauwerk, sondern gestaltet auch die Umgebung, die Leer- und Zwischenräume. Beispielsweise durch Kolonnaden wie beim Palazzo Mondadori, der eine Idee seines Entwurfs für das Außenministerium in Brasilia wieder aufnimmt: Die Säulen geben dem Gebäude Rhythmus, einen musikalischen Rhythmus.

Als ich ihn besuchte, saß Niemeyer in seinem Büro mit dem Zeichenstift in der Hand im Halbschatten, vor sich einen Berg noch leerer Skizzenblätter.

Wie im April 2005 wusste ich auch 2012, dass ich Niemeyer bei der Arbeit in seinem Büro im Dachgeschoss des Edificio Ypiranga am Ende der Avenida Atlântica finden würde: Das Gebäude mit seiner geschwungenen Fassade könnte von Niemeyer selbst entworfen sein, stammt aber aus den Dreißigerjahren. Von diesem Büro aus, dem letzten nach einer Reihe anderer in verschiedenen Stadtteilen, hat man einen beherrschenden Blick auf Strand, Meer und die Berge rund um Rio.

Jeden Tag kommt Niemeyer gegen drei Uhr nachmittags ins Büro, begleitet von seiner zweiten Frau Vera Lucia, die er nach dem Tod von Annita im Jahr 2004 geheiratet hat. Vera war Niemeyers Mitarbeiterin seit den Tagen der Zeitschrift »Modulo«, deren Herausgabe sie ebenso von Anfang an betreute wie heute die von »Nosso caminho«. In dem Büro tummeln sich Architekten, Freunde und Mitarbeiter, zahllose Enkel und Urenkel und nicht zuletzt Besucher aus aller Welt. Die Räume sind hell, einladend und vom strahlenden Licht über dem Meer durchflutet, und man spürt überall die warme, positive Energie von »Doktor Oscar«.

Das Büro ist das eines humanistischen Denkers, für den Menschen eine ebenso wichtige

Oscar Niemeyers Büro

Rolle spielen wie Bücher. Die Regale quellen über von den Werken seiner Lieblingsautoren: Camus, Sartre, Malraux, Apollinaire, Baudelaire, Goethe, Descartes, Moravia, Antonio Gramsci (2005 hatte er mir eröffnet: »Ich lese lieber die *Gefängnishefte* als ein Architekturhandbuch«), Jacques Monod, Kafka, Marx, Che Guevara, Neruda. Es gibt Bildbände über Matisse, Modigliani, Brancusi, Henry Moore, Gauguin, Chagall. Neben einem Flügel steht die von Niemeyer entworfene Chaiselongue »Rio«. An dem langen Tisch daneben trifft sich seit Jahren jeden Dienstag ein Freundeskreis, um über Astronomie, Philosophie und Ästhetik zu diskutieren und den Himmel und die Sterne über dem Meer zu beobachten.

Jair Valera arbeitet zusammen mit Oscars Enkelin Ana Elisa Niemeyer seit ungefähr dreißig Jahren die Entwürfe Niemeyers aus. Jair erzählt mir im Februar 2012, dass derzeit zahlreiche Projekte in Brasilien, aber auch in Portugal, Argentinien und Frankreich im Entstehen seien. In Algier wird eine neue Bibliothek gebaut. »Immer noch gelingt es ihm mit jedem seiner Entwürfe, uns in Staunen zu versetzen. Jedes Mal bin ich wieder aufgeregt, wenn etwas Neues entsteht, denn Oscar ist stets auf der Suche nach neuen Formen, nach etwas noch nie Gesehenem, und für mich ist es immer wieder verblüffend, es ist wirklich ein Geschenk.«

Auf meine Frage, wie sich die seit mehr als dreißig Jahren gewachsene Zusammenarbeit vollzieht, erzählt er: »Die Idee und die Zeichnung stammen immer von ihm, und ausgehend von diesem ersten Entwurf begleiten wir die weitere Arbeit. Niemeyers große Begabung besteht in der konzentrierten Formulierung eines Programms. Die Regierung von Minas Gerais gab siebzehn Gebäude für die Verwaltung des Bundesstaates in Auftrag. Niemeyer verknappte das Programm auf drei Gebäude. Er macht aus einem komplizierten Programm eine einfache, logische Lösung, an die niemand gedacht hatte.« Jair schaut mich mit einer Mischung aus Stolz und Ungeduld an, vielleicht weil ich ihm seine

Arbeitszeit stehle. Draußen scheint immer noch die Sonne, der Strand ist voller Menschen, es ist Sommer, aber in dem Büro herrscht Stille, und man hat den Eindruck, dass hier eine Maschinerie solide und lautlos funktioniert.

Ich frage Jair, was er von der nach wie vor geäußerten Kritik an Niemeyer hält, er sei eher Bildhauer als Architekt.

Jair scheint mich zunächst nicht gehört zu haben, überlegt aber in Wirklichkeit, schüttelt schließlich den Kopf und antwortet: »Damit bin ich nicht einverstanden. Wenn du das MAC, das Museu de Arte Contemporânea von Niterói, betrittst, wirst du entdecken, dass es innen größer ist als außen: Der Raum wurde bis in den letzten Winkel vollständig genutzt. Bei Niemeyer ist die Form immer als Funktion der Nutzung konzipiert. Oscar arbeitet mit seinen 104 Jahren jeden Tag, er schreibt, zeichnet, entwirft, diskutiert die Zeitschrift, und wir diskutieren über Politik und Fußball…« Ob er immer noch ein Anhänger von Fluminense ist, will ich wissen. Jair lacht: »Er ist immer noch für Fluminense, streitet das

Museo de Arte Contemporânea, Niterói

aber heute ab, und behauptet, für Flamengo zu sein, weil seine Frau *flamenguista* ist…«

Die vom Büro Niemeyers ausgearbeiteten Entwürfe werden seit vielen Jahren von José Carlos Sussekind, dem verantwortlichen Bauingenieur für die Berechnung der Statik, unter die Lupe genommen. Wie Valera ist Sussekind in erster Linie ein enger Freund Niemeyers. Der Vierundsechzigjährige, auch er ein *carioca* mit fernen deutschen Wurzeln, erzählt, dass die Zusammenarbeit fast zufällig zustande kam und anfangs beinahe zu scheitern drohte. »Oscar rief mich eines Nachmittags an, als ich allein in dem Büro war, in dem ich gerade als Volontär angefangen hatte. Er musste ein Problem lösen. Ich fuhr zu ihm und beging einen Fehler: Ich wusste nicht, dass Oscar immer gleich wissen will, ob etwas machbar ist oder nicht, denn andernfalls ändert er sofort seinen Entwurf und entwickelt eine neue Idee. Ich dagegen sagte, ich bräuchte einen Tag Zeit, um die Sache zu durchdenken.«

1979, als Sussekind ihn kennenlernte, hielt

sich Niemeyer wegen der Diktatur noch viel außer Landes auf. Sussekind fährt dann fort: »Obwohl ich ihn anfangs warten ließ, arbeiten wir seitdem ununterbrochen zusammen. Oscar ist ein sehr einfacher Mensch. Am liebsten hatte er es immer, mit acht oder neun Freunden, je mehr desto besser, zum Essen zu gehen. Um einem Freund zuzuhören und mit ihm zu plaudern, hat er stets sogar seine Arbeit unterbrochen, selbst wenn die Termine drängten. Das ist für mich Großzügigkeit: den anderen zur Verfügung zu stehen, nicht bloß als Geste, sondern als Ansporn und konkrete Hilfe, wenn jemand etwas braucht, und immer Zeit für ein Gespräch zu haben. Diese Art der Gelassenheit gilt auch für die Arbeit: Bei Niemeyer ist der kreative Prozess wirklich beeindruckend, denn er kostet ihn keinerlei Mühe und lastet nicht auf ihm, sondern ist ein Vergnügen und völlig klar. Er besitzt eine fast magische Intuition für das, was technisch machbar ist, und alles geht ganz leicht vonstatten, als wäre es ein künstlerisch und intellektuell lustvolles Spiel.«

Die Kathedrale in Brasilia

Ich unterbreche Sussekind, um ihn zu fragen, vor welche technischen Herausforderungen Niemeyers Entwürfe ihn als Bauingenieur gestellt haben. Seine Antwort lautet: »Niemeyer ist wenige Jahre nach der Erfindung des Stahlbetons geboren, und das ist symbolisch. Er ist ungefähr so alt wie die Entwicklung der technischen Möglichkeiten dieses Materials. Das vor fünf Jahren mit einer Spannweite von neunzig Metern gebaute Verwaltungsgebäude von Belo Horizonte hätte man 1980 noch nicht realisieren können. Niemeyer ist immer auf dem neuesten Stand, informiert sich über technologische Fortschritte und nutzt deren Ergebnisse. Das geht nur Schritt für Schritt, auf keinen Fall dürfte es andersherum sein! Nehmen wir als Beispiel die Kathedrale von Brasilia: Sie besteht aus einem einzigen Stück, das sich sechzehn Mal wiederholt und so den Eindruck einer ungewöhnlich bewegten Form vermittelt. Die sechzehn hyperbolisch geformten Säulenelemente sind durch Glas verbunden und halten ein sehr kleines Dach. Die statischen Berechnungen für diese Kathedrale sind so einfach, dass sie ein Student im sechsten Semester in zehn Minuten schafft. Das Museum von Niterói steht auf einer sehr kleinen Grundfläche. Der Bürgermeister musste dafür so gut wie nichts ausgeben, und heute ist die Stadt wegen dieses Museums in der ganzen Welt bekannt. Ich erinnere mich, dass der Bürgermeister ihm drei mögliche Standorte zeigen wollte, aber Niemeyer sagt schon bei diesem ersten Fleckchen Erde am Meer: ›Okay, das ist es.‹ Danach sind wir in eines der Lokale beim Fischmarkt zum Essen gegangen, und während wir auf die Bestellung warteten, zeichnete Oscar das Museum auf eine Papierserviette. Der Bürgermeister muss die Serviette eigentlich noch irgendwo aufbewahrt haben.«

Sussekind lacht in sich hinein und betont: »Das ist die Atmosphäre, in der Niemeyers Arbeiten entstehen: Lebensfreude. Es ist die Lebensfreude der *cariocas,* und Oscar ist eben durch und durch *carioca,* er besitzt all die typischen Eigenschaften: Er liebt Musik, er plaudert gern, bewundert gern die schönen Frauen am

Strand und erzählt gern Witze. Er ist ein typischer Einwohner von Rio, ist wie viele *cariocas* zugleich unscheinbar und genial, großzügig und solidarisch.«

Ich verlasse Rio und fliege nach São Paulo, in die Zementwüste, wo es nur wenige schöne Ecken gibt. Zwanzig Millionen Einwohner, der Horizont ist von fertigen und halb fertigen Hochhäusern verstellt und verschwimmt im Smog. Im Sommer brütet die Hitze, im Winter ist es eiskalt. Unglaublich teuer, laut und von enervierender Betriebsamkeit. Hier kann man wirklich von Asphaltdschungel sprechen, und dennoch gibt es einige eindrucksvolle Beispiele moderner Architektur.

Die beiden wichtigsten brasilianischen Architekten der Gegenwart leben und arbeiten in São Paulo: Ruy Ohtake und der 1928 geborene Paolo Mendes da Rocha, der 2006 den Pritzker-Preis erhielt. Der kleine, elegante Herr empfängt mich in einem heruntergekommenen Gebäude hinter der Praça da Republica. Durch die offenen

Fenster dringen der Lärm von Autos und Polizeisirenen, der Benzingestank und das blendende Licht. Auf meine Frage, was Oscar Niemeyer für die Architektur bedeutet, antwortet Mendes da Rocha ernst: »Ich habe 1954 mein Architekturstudium abgeschlossen, und schon damals war jedes neue Werk von Niemeyer eine Sensation. Brasilia hat er 1956 geplant. Der Parco Ibirapuera hier in São Paulo entstand schon um das Jahr 1950, und dieser Entwurf hat neue Horizonte eröffnet in Bezug auf die für die Architektur grundlegende Frage der Raumverteilung. Es war, als würde er sagen: Passt auf, es gibt nicht nur das Gebäude, sondern auch den umgebenden Raum, und alles interagiert. Das Werk Niemeyers ist nicht nur an sich großartig, sondern hat auch als Reflexion über das Wesen der Architektur große Bedeutung. Die Casa das Canoas in Rio zum Beispiel ist die poetische Vision der Idee eines Hauses. Meiner Ansicht nach besitzt Niemeyer die verblüffende Fähigkeit, sich der Volkskultur zu bedienen, nicht nur des barocken Klassizismus, wie häufig behauptet wird:

Palazzo Mondadori

Ich sehe in jedem seiner Werke einen Kampf zwischen technisch-struktureller Strenge und Barock, einem Barock, der etwas mit Musik zu tun hat, mit etwas Unvorhergesehenem …«

Mendes da Rocha lächelt mich leicht sarkastisch an: »Seine Erfindungsgabe kommt zum Beispiel am Palazzo Mondadori darin zum Ausdruck, wie er das Auditorium als eine Art freie Improvisation dem Bürogebäude gegenübergestellt hat …«

Ich höre Mendes da Rocha gern zu, denn er spricht das gewählte Portugiesisch der alteingesessenen Bewohner von São Paulo, gewürzt mit dem einen oder anderen etwas abstrakten Begriff, der im ersten Moment nicht leicht zu verstehen ist, sich dann aber in der weiteren Erörterung selbst erklärt. Da Rocha hat lange an der Universität gelehrt, und deshalb spreche ich ihn auf die ewige Debatte zwischen Formalisten und Funktionalisten an. Da Rocha verdreht die Augen und meint: »Ich war mit dieser Alternative nie einverstanden. Oder sagen wir genauer: Das rein Funktionale existiert nicht. Eine der interessanten Eigenschaften der Architektur ist es, dass sie den Menschen nicht zu einem bestimmten Verhalten zwingt, mal abgesehen von Krankenhäusern, aber das ist ein Grenzfall, im Übrigen erzwingen Gebäude keine bestimmte Rolle. Ein ehemaliges Museum kann heute einem anderen Zweck dienen, ein Wohnhaus kann zum Museum werden. Was ich damit sagen will, ist, dass die Architektur die Unvorhersehbarkeit des Lebens beachten muss. Sie muss offen sein, denn sie hat es mit dem menschlichen Lebensraum zu tun.«

Ganz in der Nähe des Parco Ibirapuera, einer Art Central Park von São Paulo mit einem großen See und dem von Niemeyer entworfenen Museum und Konzertsaal mit seinem charakteristischen wellenförmig überdachten Eingang, liegt das Hotel Unique wie ein Schiff oder wie ein Halbmond in einen Garten geschmiegt, mit kleinen runden Fenstern und einem Pool, der nachts in rotem Licht erstrahlt und den Rest der Stadt wie eine ferne brennende Kulisse erscheinen lässt.

Dieses Hotel hat der 1938 geborene Ruy Ohtake entworfen, ein großer hagerer Mann mit sympathischer Ausstrahlung, dessen Mutter Tomie Ohtake wie Tausende anderer Japaner zwischen den beiden Weltkriegen auswanderte und noch heute, im Alter von neunundneunzig Jahren, eine der bedeutendsten Bildhauerinnen und Malerinnen Brasiliens ist.

Als ich ihren Sohn in seinem großen Büro in der Avenida Faria Limpa besuche, hält er Bleistift und Papier bereit, denn er illustriert all seine Gedanken sofort durch eine Zeichnung. Ohtake war Schüler von Vilanova Artigas, dem Hauptvertreter der Architekturschule von São Paulo, und erzählt, dass er schon an der Universität Niemeyers Werke studierte und das zweibändige Werk von Stamo Papadaki über die Architekturschule von Rio, das er einst aus der Fakultätsbibliothek entwendet hatte, viele Jahre lang auf seinem Nachttisch liegen hatte. Er erklärt: »Ich betrachte die Kirche von Pampulha in Belo Horizonte als das erste Beispiel zeitgenössischer Architektur in Brasilien. Dieser Bau war revolutionär. Vier Bögen und lauter unterschiedliche Kuppeln. Nach der Fertigstellung im Jahr 1943 verbot die katholische Kirche bis 1957, also vierzehn Jahre lang, die Abhaltung von Gottesdiensten. Das war der Anfang von allem.«

Ohtake ist ein expressiver Architekt, wenn man z. B. an das Hotel Unique, aber auch an das Ohtake Cultural denkt, einen roten Wolkenkratzer, der auf einer Reihe übereinandergestapelter horizontaler Wellen ruht. Deshalb frage ich ihn, woraus seiner Meinung nach Niemeyers Vision hervorgegangen sein könnte, die im Brasilien

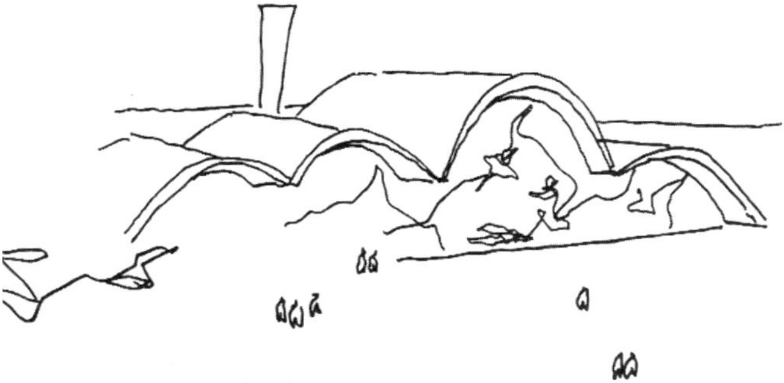

Kirche von Pampulha, Skizze

der Dreißigerjahre nicht seinesgleichen hat. Ohtake antwortet: »Ich bin davon überzeugt, dass Oscars Ideen aus seiner Hand erwachsen sind, aus seinen wunderschönen Zeichnungen. Sie entstehen rasch, er wirft sie schnell aufs Blatt. Das bedeutet nicht, dass die Zeichnungen einfach sind oder leicht zu realisieren, ganz im Gegenteil. Wer die statischen Berechnungen für Niemeyer macht, muss sehr viel Einfühlungsvermögen besitzen, und sein erster Bauingenieur Joaquim Cardozo war auch tatsächlich zugleich Dichter. Die geschwungene Form Niemeyers ist niemals einfach eine Kurve. Wenn der Schwung an einem bestimmten Punkt abflacht, gibt es immer einen Grund dafür, und der Ingenieur muss dem Rechnung tragen und es verstehen. Niemeyers Formen besitzen große Strenge, denn er hat ein beeindruckendes Proportionsgefühl. Ich habe mit ihm gearbeitet und erlebt, wie eine geschwungene Form zwischen ihm und dem Tisch seiner Mitarbeiter bis zu zehn Mal hin und her ging, bevor sie endlich so war, wie er sie wollte. Seine Linienführung ist von beeindruckender Folgerichtigkeit, und seine Vorstellungen sind absolut klar.« Auch Ohtake verweist auf das MAC von Niterói und auf die Kathedrale von Brasilia als Beispiele für die unverwechselbaren Charakterzüge von Niemeyers Architektur. »In der Kirche liegt der Eingang unter der Erde, man gelangt durch einen Tunnel in die Kirche, die die demokratischste Form hat, die ich kenne, denn sie ist rund. Und die Casa das Canoas? Eine scheinbar über dem Meer schwebende Terrasse, das ist Freiheit! Oder der Platz von Le Havre, der tiefer gelegt ist, um gegen den Wind geschützt zu sein… Und der Palazzo Mondadori, den nicht seine Säulen tragen, denn der innere

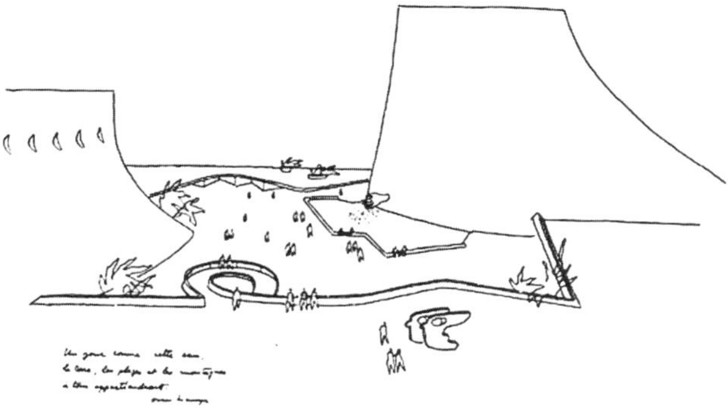

Kulturzentrum Le Havre, Skizze

Baukörper hängt an der Dachkonstruktion. Oscar hat mir einmal gesagt, der Bau in Mailand sei sein bestes, sein gelungenstes Werk. Bei ihm kommt immer zuerst die ästhetische Vorstellung, die Schönheit. Ästhetik ist die erste Funktion der Architektur. Frank Gehrys Museum für Bilbao hat den Stellenwert der Kultur in dieser Stadt verändert. Achtzig Prozent der Besucher des Museums wissen gar nicht, was dort ausgestellt ist, sondern kommen nur wegen der Schönheit des Bauwerks. Was also steht an erster Stelle?«

Ruy Ohtake verabschiedet mich mit einem schönen offenen Lachen. Diesmal nehme ich den Bus. In São Paulo verfließen die Unterschiede zwischen Zentrum und Peripherie. Fast sieben Millionen Autos quälen sich durch die Innenstadt und die Außenbezirke, Tag und Nacht, ohne Unterlass. Wie verbissen werden überall neue Gebäude hochgezogen und auch die kleinsten Lücken genutzt. Wenn ich an Niemeyers Worte über die Stadt der Zukunft denke und sie mit dem vergleiche, was ich vor mir habe, dann ist sein Traum hier nicht wahr geworden.

In einer schönen Buchhandlung an der Avenida Paulista habe ich eine Monografie von David Underwood erstanden, der Niemeyers Werke gewissermaßen aus der Sicht des Psychoanalytikers betrachtet und mich mit folgenden Sätzen zum Nachdenken bringt: »Die Kunst Niemeyers, vor allem Brasilia, ist im Wesentlichen eine Suche nach Ewigkeit, ein Mittel, um dem Wandel und der Auflösung Dauerhaftigkeit entgegenzustellen. Wie Sartre und Lacan beklagt Niemeyer die absurde Tragödie der menschlichen Existenz. Die einzige Gewissheit sind für ihn die Sterblichkeit und die Notwendigkeit, eine heroische, bleibende und poetische Architektur zu schaffen, in der die Menschen angesichts ihrer persönlichen Verluste, angesichts der politischen Unruhen und sozialen Ungerechtigkeiten der Moderne und angesichts der unabänderlichen Tragik ihres Schicksals so etwas wie Erlösung finden können.«

Ich bin wieder an der Copacabana, wo in Niemeyers Büro der gewöhnliche Arbeitsalltag abläuft. Man hilft dem Architekten beim Aussteigen aus dem Auto und bringt ihn ins Büro, in dem seine Entwürfe Gestalt annehmen. Während ich mich umschaue, kommt mir eine Idee, ja, ich habe den Verdacht, dass die angeblichen Widersprüche in Niemeyers Architektur vielleicht eine Erklärung finden, wenn man das Edificio Ypiranga an der Copacabana verlässt und in eine der Querstraßen der Avenida Atlântica eintaucht.

Dort sollte man sich in einem der *botequim* niederlassen, um ein paar Augenblicke das Leben der *cariocas* dort zu beobachten, die, obwohl sie von einem Ende der Stadt zum anderen hetzen, immer wieder Zeit finden, auf einen *cafezinho* und ein *salgadinho* innezuhalten, um einen Blick an den Strand zu genießen, sich über die Spiele der Erzrivalen Flamengo und Vasco da Gama zu unterhalten und dem zwischen *cachaça*-Flaschen eingezwängten Bild des heiligen Georg einen Blick zuzuwerfen, bevor sie sich wieder auf den Weg machen.

Früher hätte man auch Niemeyer als Gast in diesen Bars und kleinen Restaurants treffen können, wo noch Kalbfleisch mit Kartoffelpüree und in Butter geschwenkten Tagliatelle serviert wird. Dazu ein schönes kaltes Bier. In seinen Erinnerungen erzählt er, dass er – schon über achtzig – in einer dieser Bars mit Gästen am Nachbartisch, die über den Kommunismus schimpften, in Streit geriet, weil er sich von den Worten dieser hochmütigen und neureichen Paare persönlich beleidigt fühlte. Es kam zu Handgreiflichkeiten, bis jemand den alten Architekten und die jungen Provokateure trennte.

Zur Linken erhebt sich am Ende des glitzernden Sandstrandes der Morro da Urca, der Zuckerhut, rechts davon der Arpoador-Felsen mit der ehemaligen Militärfestung (wo die ersten Sandsäcke aufgetürmt wurden, als die Militärs im April 1964 die Macht übernahmen). Vor uns liegen das Meer und die Inseln, und in der Ferne erheben sich die Berge von Niterói und Maricá, dem Fischerdorf, in dem der Richter Niemeyer, Oscars Großvater, geboren wurde.

Hinter uns erheben sich die Berge: Von den Bars, die von der salzigen Luft des Meeres und dem Smog der Großstadt eingehüllt sind, kann man sie nicht sehen, aber der *carioca* weiß, dass sie da sind, er kennt die Namen der Vögel, weiß, wo der Albatros dem Falken weicht, der über den Affen und Papageien schwebt, über Wasserfällen, Trampelpfaden, Grotten, Macumba-Altären, Kirchen, *terreiros do samba*, fürstlichen Behausungen und Holzhütten, riesigen Nestern, faulenden Früchten und Kindern, die Drachen fliegen lassen. Der *carioca* steigt vielleicht nie hinauf, aber er weiß, dass es ihn dort *möglicherweise* in einen finsteren Wald verschlägt. Diese Möglichkeit, dieses Bewusstsein prägt Niemeyers Architektursprache, seine Kurven, die Max Bill so sehr empörten, aber auf die disziplinierte Fantasie Le Corbusiers wie Sirenengesang eine magische Anziehungskraft ausübten.

Mir kommt ein Satz aus einem Interview in den Sinn, der mich besonders bewegt hat: Fantasie ist die Suche nach einer besseren Welt. Diese Worte lassen mich an Gianni Rodari, an Federico Fellini und Emanuele (Lele) Luzzati denken.

Und während ich meinen Gedanken freien Lauf lasse, erinnere ich mich an die letzten Worte von Jair Valera, dem Architekten, der seit mehr als dreißig Jahren mit Niemeyer zusammenarbeitet: »Oscar Niemeyer gefällt auch einem Kind. Als ich meinen vierjährigen Sohn ins Museum von Niterói mitnahm, war er ganz begeistert davon. Das heißt: Mit seinen hundert Jahren ist Niemeyer noch in der Lage, ein vierjähriges Kind zu bezaubern. Er zeichnet heute mit der gleichen Kohärenz und der gleichen kreativen Klarheit wie vor dreißig, vierzig, fünfzig Jahren … Wie er selbst sagt: Architektur entsteht im Kopf…«

Plötzlich muss ich wieder an den Largo Boticário denken, an die Berge, den unterirdisch fließenden Rio Carioca, die bunten Fassaden und die portugiesischen Kacheln mit ihren sich wiederholenden Mustern, die antiken gebrannten *azulejos*, auf denen die meerblauen Linien kleine Wellen schlagen…

Und … ja, denke ich, er ist immer noch das Kind, das in die Luft zeichnete.

EDITORISCHE NOTIZ

Oscar Niemeyer wurde berühmt, als er 1939 zusammen mit Lucio Costa den brasilianischen Pavillon für die Weltausstellung in New York entwarf. 1947 kam er wieder nach New York, um in dem internationalen Gremium um Le Corbusier am Bau des Hauptquartiers der Vereinten Nationen mitzuwirken.

Sein Entwurf belegte den ersten Platz.

In seiner Heimat setzte sich Niemeyer 1940 im Alter von dreiunddreißig Jahren mit den Bauten um den Lago di Pampulha in Belo Horizonte durch. In dieser Zeit schloss er mit Juscelino Kubitschek de Oliveira Freundschaft, der später Staatspräsident wurde. Auf einer kurzen Autofahrt eröffnete er Niemeyer seinen Plan zum Bau der neuen Hauptstadt Brasilia, die ab 1960 nach den Entwürfen Niemeyers und dem städtebaulichen Konzept von Lucio Costa entstehen sollte.

Nach dem Putsch, mit dem das Militär 1964 die Regierung von João Goulart stürzte und die Macht übernahm, stand Niemeyer wie viele andere brasilianische Intellektuelle, Künstler und Politiker, mit denen er befreundet war, auf der schwarzen Liste: so der Dichter Ferreira Gullar, der Komponist Chico Buarque, der Schriftsteller Jorge Amado, der Ökonom Celso Monteiro Furtado und viele andere.

Deshalb war Niemeyer gezwungen, in den Sechzigerjahren mehr im Ausland als in Brasilien zu leben. 1965 entwarf er den neuen Sitz der Kommunistischen Partei Frankreichs; 1968 hielt er sich in Algier auf, begann im selben Jahr auf Einladung von Giorgio Mondadori mit dem neuen Sitz des Verlagshauses in Segrate und plante 1972 das innovative Kulturzentrum von Le Havre. 1954 hatte er bereits in Venezuela gebaut, 1962 im Libanon, später in England, Osteuropa, in Afrika und im Nahen Osten.

Niemeyer arbeitete ununterbrochen. Noch im Alter von vierundachtzig Jahren weihte er 1991 als eines seiner Hauptwerke das MAC, das Museum für zeitgenössische Kunst in Niterói bei Rio de Janeiro, ein. Dieses ganz außergewöhnliche und geheimnisvolle Bauwerk wirkt wie ein leichtes, ungreifbares Ufo, das sich vor seiner Heimatstadt niedergelassen hat. 2003 baute er im Alter von sechsundneunzig Jahren das Verwaltungszentrum von Minas Gerais, dann noch einmal in Belo Horizonte, wo er fast siebzig Jahre zuvor sein erstes großes Werk realisiert hatte. Zur selben Zeit wurde der italienischen Stadt Ravello ein Konzertsaal geschenkt, der wegen beschämender Streitereien beinahe nicht eröffnet worden wäre. Ähnlich war es beim Kulturzentrum von Avilés in Spanien, das 2011 eröffnet wurde.

Das vorliegende Buch basiert auf einer Reihe von Interviews mit Oscar Niemeyer im Januar und Februar 2012 in Rio de Janeiro. Ergänzt habe ich die Interviews durch Zitate des Architekten aus der Zeitschrift »Modulo« der Jahrgänge 1955 bis 1978 und aus der 1987 erschienenen Monografie von Lionello Puppi *Guida a Niemeyer.*

Zur weiteren Lektüre über das Leben Niemeyers verweise ich auf seine Autobiografie *As curvas do tempo* von 1998, die ins Französische und Englische übersetzt worden ist. Sehr empfehlenswert ist auch das Buch von David Underwood, *Oscar Niemeyer and Brazilian Free-Form Modernism*, New York 1994, sowie die DVD, *Oscar Niemeyer, Das Leben ist ein Hauch*, 2009.

Vera Lucia Niemeyer möchte ich für ihre freundliche und wertvolle Unterstützung ebenso danken wie José Carlos Sussekind, Jair Valera, Ruy Ohtake, Paolo Mendes da Rocha und Ana Elisa Niemeyer. Besonderen Dank schulde ich Gabriella Ungarelli, mit der ich die Idee für dieses Buch entwickelt habe, und meiner Frau Samira Menezes, meiner unentbehrlichen Begleiterin bei der Arbeit und auf Reisen.

INHALT

Bildnachweis
S. 10: picture alliance / dpa
S. 24: akg-images/Rüdiger Müller
S. 46, 54, 58, 67, 71, 74: LAIF

Trotz intensiver Recherche ist es in einigen Fällen nicht gelungen, die Rechtinhaber ausfindig zu machen.
Nicht genannte Rechteinhaber werden gebeten, sich beim Verlag zu melden.

Titel der Originalausgabe: *Il mondo è ingiusto*
Umschlaggestaltung: Marion Blomeyer, München
Satz: Schuster & Junge, München
Druck und Bindung: Freiburger Graphische Betriebe
ISBN 978-3-88897-871-5